FORSCHUNGSBERICHTE DES LANDES NORDRHEIN-WESTFALEN

Nr. 1106

Herausgegeben

im Auftrage des Ministerpräsidenten Dr. Franz Meyers

von Staatssekretär Professor Dr. h. c. Dr. E. h. Leo Brandt

DK 677.494.675.004.001.5:
543.066:539.388.8:
541.8

Dr. rer. nat. W. Bubser
Dr. rer. nat. W. Fester
Textilforschungsanstalt Krefeld

Quell- und Lösereaktionen an Polyesterfasern zur Untersuchung von deren Veränderungen und Schädigungen

WESTDEUTSCHER VERLAG · KÖLN UND OPLADEN 1962

ISBN 978-3-663-06656-9 ISBN 978-3-663-07569-1 (eBook)
DOI 10.1007/978-3-663-07569-1

Verlags-Nr. 011106

Gesamtherstellung: Westdeutscher Verlag

Vorwort

Untersuchungen von W. Bobeth haben gezeigt, daß Wärmebehandlungen die Quellbarkeit von Polyesterfasern in Phenol herabsetzen. In der vorliegenden Arbeit wird über eingehende Untersuchungen mit modifizierten Quellmitteln an wärmebehandelten Fasern berichtet. Ebenso wird der Quellungsverlauf von säure- und alkalibehandelten sowie belichteten Fasern beschrieben und Möglichkeiten aufgezeigt, wie solche Einwirkungen auf die Fasern nachträglich festgestellt werden können.

Die beschriebenen Quellreaktionen werden durch Lösereaktionen ergänzt. Die Bestimmung der Lösetemperatur von Polyesterfasern in m-Kresol wie auch die Quellreaktionen mit Phenol-Wasser erlauben Aussagen über die Vorbehandlung der Fasern. Für die Unterscheidung zweier Materialien, deren Quellungsverhalten und Lösetemperaturen sehr ähnlich liegen, wie z. B. unfixierte und schwach fixierte Fasern, eignen sich Lösereaktionen mit Mischungen aus fluorierten Essigsäuren und Eisessig. Durch die Wahl bestimmter Konzentrationsverhältnisse dieser Mischungen lassen sich diese Reaktionen für spezielle Zwecke weitgehend variieren.

Inhalt

Einleitung

Über die Erkennung und Unterscheidung der synthetischen Faserstoffe liegt ein umfangreiches Schrifttum vor, das sich mit Quell- und Lösereaktionen befaßt. Diese Reaktionen werden sowohl mikroskopisch als auch makroskopisch, z. B. Auflösen der Fasern in einem Reagenzglas mit Hilfe eines geeigneten Lösungsmittels, durchgeführt. Grundlegende Arbeiten von W. Bobeth [1, 2, 3] bringen mikroskopische Quellungs- und Lösungsuntersuchungen an synthetischen Faserstoffen sowie deren Nutzanwendung.
Bei der Verarbeitung und dem späteren Gebrauch werden die Faserstoffe verschiedenartigen Einflüssen ausgesetzt (z. B. Fixierung, Lichteinwirkung). Hierbei können Veränderungen und Schädigungen auftreten, deren Ursache man nachträglich feststellen möchte. Auf diesem Gebiet liegen hauptsächlich Arbeiten über Synthesefasern aus Polyamid vor [4–10].

I. Quellreaktionen an Polyesterfasern

Untersuchungen von W. BOBETH an Polyesterfasern [1, 3] haben ergeben, daß eine nasse oder trockene Wärmebehandlung den Ablauf der Quellungsreaktion in Phenol mehr oder weniger stark verzögern kann. Ebenso ist der Verstreckungsgrad beim Quellungsverlauf von Einfluß. Als Quellmittel werden in diesen Arbeiten handwarme konzentrierte Phenollösungen angegeben, deren genaue Zusammensetzung jedoch nicht beschrieben wird.

In flüssigem Phenol (Fp. 43° C) quellen und lösen sich die Polyesterfasern. Hierbei besteht jedoch die Gefahr, daß beim Mikroskopieren das Phenol auskristallisiert, und man daher den Objektträger von Zeit zu Zeit erwärmen muß. Das Aufschmelzen des Quellmittels auf dem Objektträger führt zu unkontrollierbaren Temperaturen, die dann während des Beobachtens unter dem Mikroskop stetig absinken. Der Quell- und Lösevorgang läuft bei höheren Temperaturen rascher ab, und es könnte dadurch z. B. eine fixierte Faser, die unbeabsichtigt mit Quellmittel stärker erwärmt wurde, zum Quellen und Lösen dieselbe Zeit beanspruchen wie eine nicht fixierte Faser, die nicht so stark erwärmt wurde. Die Reproduzierbarkeit derartiger Versuche läßt sich nur mit Hilfe von Heiztischmikroskopen erreichen, bei denen die Temperaturen genau eingestellt und konstant gehalten werden können. Diese Art von Mikroskopen steht jedoch nur selten zur Verfügung, und wir versuchten, solche Quellmittel zu finden, die bei Zimmertemperatur flüssig sind und die Fasern noch genügend quellen lassen.

Zu unseren Untersuchungen wählten wir folgende Phenol-Wasser-Mischungen:

Gewichtsteile Phenol	Gewichtsteile Wasser
0,8	10
10	3,5
9	1

Diese Phenol-Wasser-Mischungen wurden so gewählt, daß einerseits eine gesättigte Lösung von Phenol in Wasser und andererseits eine gesättigte Lösung von Wasser in Phenol vorlag. Bei der zuletzt angegebenen Mischung Phenol-Wasser 9:1 handelt es sich um die Lösung mit der stärksten Quellwirkung. Diese Lösung ist bei Zimmertemperatur (20° C) noch flüssig.

Für spezielle Zwecke der Untersuchungen (Säureeinwirkung) haben sich die beiden zuerst genannten Lösungen gut bewährt. Die Quellmittelzusammensetzung Phenol-Wasser 9:1 spricht auf die von uns untersuchten Veränderungen der Fasern an und wurde als am besten geeignet befunden.

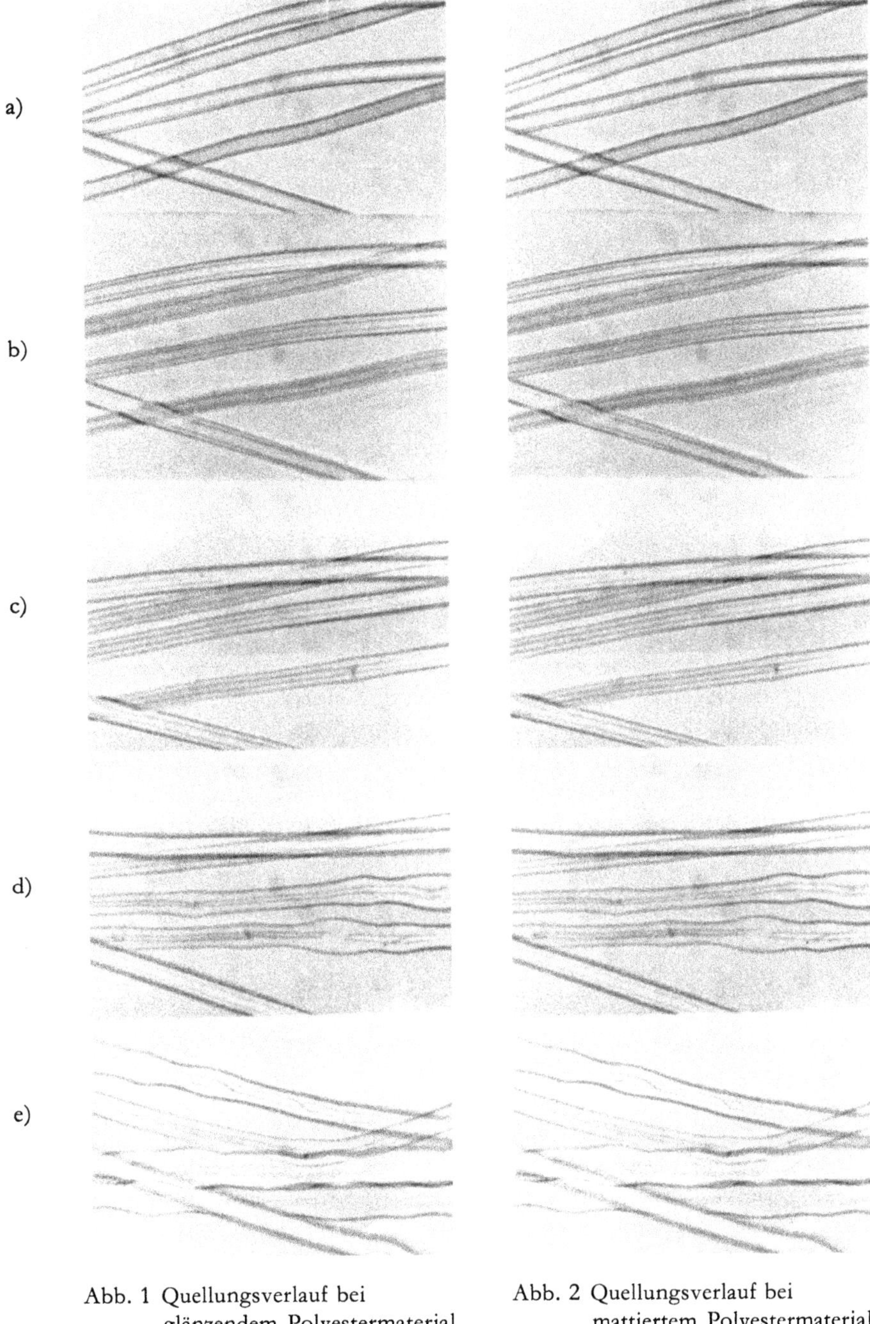

Abb. 1 Quellungsverlauf bei glänzendem Polyestermaterial

Abb. 2 Quellungsverlauf bei mattiertem Polyestermaterial

1. Quellungsverlauf von unfixierten Polyesterfasern
(Quellmittel: Phenol-Wasser 9:1)

Die Abb. 1 zeigt den Quellungsverlauf bei glänzendem endlosem Polyestermaterial (Trevira 50/25). Diese Umsetzung kann, wie von W. Bobeth angegeben, mit einer sogenannten »optischen Abschälung« der Faser von außen nach innen bezeichnet werden. Wir haben bewußt lediglich das Längsbild der Faser für die Beobachtung gewählt und die Veränderungen der Schnittenden unberücksichtigt gelassen, da letztere je nach Art und Durchführung des Schnittes verschiedenartiges Aussehen zeigen (fächer- bzw. kelchähnlich oder pilzkopfartig). Aus diesem Verhalten heraus allein Rückschlüsse auf Veränderungen der Fasern zu ziehen, ist nur dann möglich, wenn die Schnittenden sehr sorgfältig hergestellt werden [4].
Die Veränderungen im Längsbild sind deutlich genug, um den Quellungsverlauf einwandfrei beobachten zu können.
Beim weiteren Fortschreiten der Quellungsumsetzung wird der ursprüngliche Faserkörper immer dünner und stellt somit das Scheinlumen dar. Schließlich treten am Restkörper (Scheinlumen) Verschiebungsbrüche, Stauchungen und Verbiegungen ein, die durch die Schrumpfkräfte der umgesetzten Fasermasse verursacht werden. In stark gequollenem Material bleiben letzte Reste des ursprünglichen Faserkörpers meist noch polarisationsoptisch nachweisbar [1].
Bei der gleichzeitigen Beobachtung mehrerer Fasern zeigte es sich, daß sie nicht vollkommen gleichmäßig auf das Quellmittel reagieren. Einige Fasern quellen rascher, wie dies in den Abb. 1d und 1e deutlich zum Ausdruck kommt. Zu Anfang der Quellungsumsetzung (Abb. 1a, 1b, 1c) tritt dieser Vorgang noch nicht so stark in Erscheinung.
Die Abb. 2 zeigt den Quellungsverlauf einer mattierten Polyesterfaser (Trevira 50/25 matt). Auch hier ist die Bildung des Scheinlumens deutlich zu erkennen, und bei der weiteren Quellungsumsetzung bricht auch hier das Scheinlumen auseinander. Auf Grund der optischen Abschälung befindet sich in den gequollenen Faserzonen Mattierungsmittel.
Die Beobachtung der Ausbildung des Scheinlumens wird dadurch etwas erschwert, läßt sich aber bei einiger Übung ohne weiteres erkennen.

2. Charakterisierung des zeitlichen Ablaufs der Quellung

Wie bereits oben angeführt, benötigen wärmebehandelte Fasern bis zum Erreichen desselben Quellungszustandes erheblich längere Zeiten als unfixierte Fasern. Dies ist sowohl bis zum Auftreten des Scheinlumens als auch bis zum Bruch und letztlich zum Verschwinden des Scheinlumens der Fall.
Bei fixierten Fasern werden sehr lange Zeiten benötigt, bis es zum Bruch des Scheinlumens kommt, und wir haben für unsere Beobachtungen daher bereits in einem früheren, beliebig gewählten Stadium die Versuche abgebrochen, nachdem sich herausgestellt hat, daß das Erreichen dieses Quellungszustandes zeitlich so differenziert ist, daß sich einwandfreie Aussagen machen lassen.

So haben wir bei unseren Versuchen stets jene Zeit gemessen, die für die Quellreaktion nötig ist, daß an den Fasern eben das Scheinlumen gut sichtbar hervortritt, und bezeichnen diesen Quellungszustand als 1. Phase. Weiterhin bezeichnen wir als 2. Phase einen Quellungszustand, bei welchem das Scheinlumen und die beiden neben dem Scheinlumen gequollenen Faserteile (b und c) etwa dieselbe Größe besitzen (s. Abb. 3).

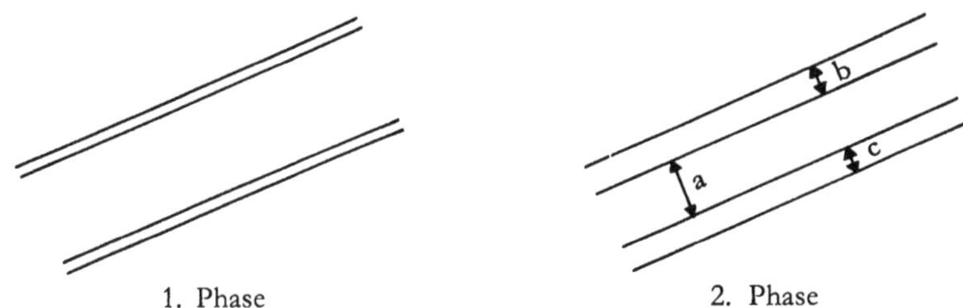

Abb. 3 Schematische Darstellung des Quellungszustandes

Es ist ohne weiteres möglich, mit Hilfe eines Objektmikrometers die 2. Phase genau auszumessen. Auf Grund unserer Erfahrungen läßt sich aber dieser Zustand sehr gut auch ohne Hilfsmittel abschätzen, zumal nicht alle Fasern mit derselben Geschwindigkeit quellen. Der Unterschied in der Quelldauer bei fixierten und unfixierten Fasern ist jedoch so groß, daß die hier beschriebenen Unterschiede des Quellens der Einzelfaser sich nicht überschneiden.

3. Quellungsverlauf an verschiedenartig behandelten Polyesterfasern (Quellmittel: Phenol-Wasser 9:1)

3.1 Trockenhitzefixierung

Für unsere Untersuchungen haben wir einerseits Fadenmaterial (Trevira 50/25 glänzend und Diolen 100/36 glänzend) im Labor-Trocken-Kondensier- und -Fixierapparat Type TKF/m der Firma Benz [11] bei verschiedenen Temperaturen bzw. Zeiten behandelt und andererseits Treviragewebe auf einem Spannrahmen in einem Betrieb fixiert. An diesen Proben wurde die Zeitdauer gemessen, die zur Erreichung der 1. und 2. Phase unseres Quellbildes notwendig war. In den Tab. 1, 2 und 3 sind die Versuchsdaten wiedergegeben.

Aus den Werten der Tab. 1 und 2 ist ersichtlich, daß mit steigender Fixiertemperatur sich die Zeiten bis zum Erreichen desselben Quellbildes verlängern. Bei längerer Fixierdauer zeigt sich ein analoger Anstieg der Quelldauer. Weiterhin ist zu beobachten, daß eine sehr schwache Wärmebehandlung (160°C, 1 min) noch keine Unterschiede gegenüber einem unfixierten Material zeigt. Bekanntlich kann die Fixierung der Polyesterfasern im Gegensatz zu den Polyamidfasern in einem relativ großen Temperaturbereich erfolgen, ohne daß hierbei Faserschädigungen

Tab. 1 Zeitdauer der Quellreaktion mit Phenol-Wasser-Mischungen 9 : 1 von Trevira 50/25 glänzend nach Trockenhitzebehandlungen im Laborgerät

Behandlung	1. Phase Zeit in min	2. Phase Zeit in min
unbehandelt	20	45
160° C 1 min	20	45
180° C 1 min	60	100
200° C 1 min	70	110
200° C 4 min	100	140
200° C 16 min	150	300
200° C 60 min	240	400

Tab. 2 Zeitdauer der Quellreaktion mit Phenol-Wasser-Mischungen 9 : 1 von betrieblich fixiertem Treviragewebe, Kette und Schuß Trevira 50/25

Behandlung	1. Phase Zeit in min	2. Phase Zeit in min
unbehandelt	15	35
170° C 15 sec	30	70
190° C 15 sec	60	100
210° C 15 sec	70	120

Tab. 3 zeigt die Quelldauer von thermofixierten Diolenfasern.

Tab. 3 Zeitdauer der Quellreaktion mit Phenol-Wasser-Mischungen 9 : 1 von Diolen 100/36 glänzend nach Trockenhitzebehandlungen im Laborgerät

Behandlung	1. Phase Zeit in min	2. Phase Zeit in min
unbehandelt	15	25
160° C 1 min	25	55
180° C 1 min	60	180
200° C 1 min	120	230
200° C 4 min	170	530
200° C 16 min	260	1100
200° C 60 min	370	1300

auftreten. So erklärt sich auch, daß in den Quellvorgängen erst dann größere Zeitdifferenzen auftreten, wenn die Wärmeeinwirkung entsprechend stark gewählt wird.

Im Gegensatz zur Trevirafaser, bei welcher eine Unterscheidung des unbehandelten vom 160° C, 1 min fixierten Fasermaterial nicht möglich war, ist bei Diolen diese Möglichkeit vorhanden. Voraussetzung ist jedoch, daß zum Vergleich die unbehandelte Diolenfaser vorliegt, denn die bei 160° C, 1 min behandelte Diolenfaser liegt in ihrem Quellverhalten etwa gleich mit der unbehandelten Trevirafaser.

Die Abhängigkeit der Quelldauer von den Polyesterprovenienzen ist im Gegensatz zu Perlon bedeutend stärker, und es ist in jedem Falle von Vorteil, unbehandeltes Vergleichsmaterial gleichzeitig mit zu untersuchen. Fehlt solches Vergleichsmaterial, so gehört zur Feststellung des Fixierstadiums große Erfahrung bei der Durchführung der Quellreaktion. Begnügt man sich mit der Angabe, ob eine unfixierte bzw. schwach fixierte, eine normal fixierte oder aber eine überfixierte Faser vorliegt, so können die in der Tab. 4 angegebenen Zeiten für die Ausbildung der 1. bzw. 2. Phase als Anhalt dienen.

Tab. 4 Zeitdauer der Quellreaktion mit Phenol-Wasser-Mischungen 9 : 1 für beliebige Polyesterprovenienzen

Behandlung	1. Phase Zeit in min	2. Phase Zeit in min
unbehandelt und schwach fixiert	15–30	45– 60
fixiert	ca. 60	100–120
überfixiert	über 120	über 240

Die in dieser Tabelle angegebenen Werte mögen als Anhaltspunkt dienen.

3.2 Sattdampf- und Naßhitzebehandlung

Die Sattdampf- und Naßhitzebehandlungen wurden in Autoklaven durchgeführt [12]. Hierbei wird gleichzeitig der eine Teil des Materials in Wasser und der andere in der dazugehörenden Dampfphase erhitzt.

In den Tab. 5 und 6 sind die Versuchsergebnisse aufgeführt.

Während bei den Sattdampfbehandlungen erst eine Temperatur von 180° C bei 60 min Dauer eine wesentliche Veränderung der Quellungseigenschaften der Faser mit sich bringt, wird dies bei der Naßhitzebehandlung bei einer Temperatur, die 20° C tiefer liegt, beobachtet.

Tab. 5 Zeitdauer der Quellreaktion von Trevira 50/25 glänzend nach Sattdampfbehandlungen

Behandlung		1. Phase Zeit in min	2. Phase Zeit in min
unbehandelt		20	45
140° C	60 min	20	45
160° C	60 min	25	45
180° C	60 min	60	120
180° C	180 min	240	540
180° C	360 min	90	120

Tab. 6 Zeitdauer der Quellreaktion von Trevira 50/25 glänzend nach Naßhitzebehandlungen

Behandlung		1. Phase Zeit in min	2. Phase Zeit in min
unbehandelt		20	45
140°C	60 min	30	50
160°C	60 min	45	80
180°C	60 min	75	120
180°C	180 min	180	330

Sattdampf- und Naßhitzebehandlungen bei 180°C und einer Zeitdauer von über 1 Std. führen zu Überfixierung. Als extremes Beispiel ist in Tab. 5 eine Fixierdauer von 6 Std. angegeben, wobei das erhaltene überfixierte Material wieder Quellzeiten zeigt, die einer normalen Fixierung in etwa entsprechen. Bei dieser intensiven Behandlung wird die Polyesterfaser verseift, wie eine Abnahme des Molekulargewichts und eine Zunahme der Endgruppen zeigen [12]. Solch stark abgebaute Fasern zeigen wieder erhöhtes Quellvermögen.

3.3 Säureeinwirkung

Wir haben unfixiertes Polyestermaterial mit Mineralsäuren verschiedener Konzentration behandelt. Säureeinwirkungen, die zu keiner Schädigung der Polyesterfaser führen, beeinflussen auch die Quellzeiten mit Phenol-Wasser-Mischungen 9:1 nicht und lassen sich mit diesem Reagenz nicht nachweisen. Verwendet man für diese Reaktion die Phenol-Wasser-Mischungen 0,8:10 bzw. 10:3,5, so kann man mit ihrer Hilfe die Säureeinwirkung erkennen. Hierbei ist auffällig, daß nicht Änderungen im Quellungsverhalten der gesamten Faser zu beobachten sind, sondern daß diese Phenol-Wasser-Mischungen lediglich Veränderungen im Oberflächenbild der Fasern aufzeigen. Bei Säureeinwirkungen, die zu einer Schädigung der Polyesterfasern führen, wird auf Grund der Verseifung des Materials auch eine raschere Quellung hervorgerufen. Als Beispiel zeigt Tab. 7 die Einwirkung von Schwefelsäure mit 800 g H_2SO_4/l bei 50°C auf die Quellzeiten.

Tab. 7 Zeitdauer der Quellreaktion mit Phenol-Wasser-Mischungen 9 : 1 nach Einwirkung von Schwefelsäure (800 g/l) bei 50°C auf unfixiertes Trevira 50/25 glänzend

Dauer der Einwirkung	Festigkeitsverlust in % des Ausgangswertes	1. Phase Zeit in min	2. Phase Zeit in min
10 min	ca. 15	5–10	20–30
30 min	ca. 30	1– 3	15–20
45 min	ca. 40	sofort	1–2

Auffällig ist die Beobachtung, daß bei säuregeschädigtem Material die einzelnen Kapillarfäden sehr unterschiedlich angegriffen werden und bei der Bestimmung der Bruchfestigkeit größere Streuungen auftreten. Diese Beobachtungen wurden auch von G. von Hornuff [13] gemacht, und man erklärt sich dieses Verhalten durch das ungleichmäßige Benetzen der Fasern mit der Schwefelsäure. Neben dem ungleichmäßigen Benetzen könnte die Säure auch bevorzugt an empfindlichen Faserstellen angreifen und von dort aus den Angriff verstärkt fortsetzen. Die Abb. 4 zeigt das Quellbild des unfixierten Treviramaterials, das mit einer Schwefelsäurelösung von 800 g H_2SO_4/l bei 50° C 10 min lang behandelt wurde.

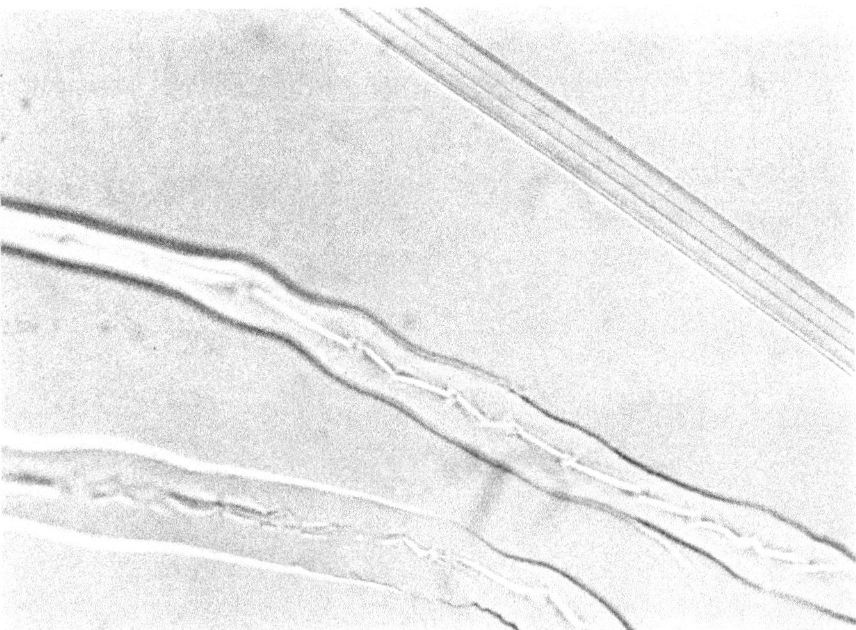

Abb. 4 Unfixiertes Treviramaterial mit Schwefelsäure 800 g H_2SO_4/l bei 50° C 10 min behandelt, gequollen mit Phenol-Wasser-Mischung 9:1

Werden fixierte Fasern mit Schwefelsäure unter Bedingungen behandelt, die nur zu einer schwachen Schädigung von 15 bis 30% Festigkeitsverlust führen, so zeigt sich gegenüber den fixierten, nicht mit Schwefelsäure behandelten Fasern kein Unterschied in der Quellzeit. In diesem Fall ist eine Erkennung der Säureschädigung nicht möglich. Bei stärkerer Säureschädigung über ca. 50% Festigkeitsverlust treten sowohl an unfixiertem als auch an fixiertem Material charakteristische Querrisse auf, die bei Betrachtung im Mikroskop ohne Zugabe eines Einbettungs- oder Quellmittels leicht zu erkennen sind. Die Abb. 5 zeigt schematisch das Aussehen einer stark säuregeschädigten Polyesterfaser.

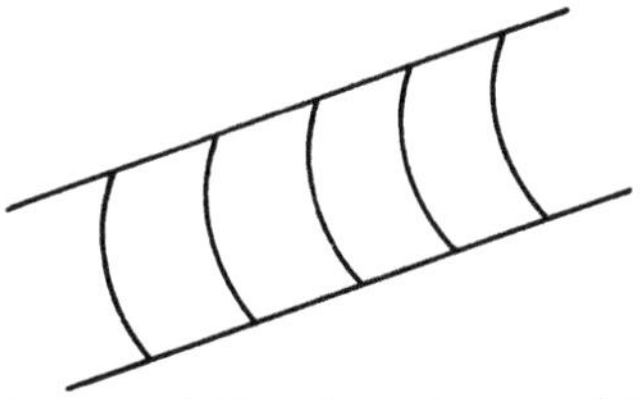

Abb. 5 Querrisse an der Faseroberfläche einer säuregeschädigten Polyesterfaser

3.4 Alkalieinwirkung

Bei der Alkalieinwirkung können wir keine Unterschiede bei unseren Quellzeiten erkennen. Man ist der Auffassung, daß bei einer Alkalibehandlung die Faser von außen her weggelöst wird und daß der verbleibende Faserrest dieselben Eigenschaften wie die ursprüngliche Faser beibehält. Die relative Viskosität und die Zahl der Endgruppen verändern sich an alkalibehandeltem Material nicht [12]. Die Festigkeit wird durch Verlust an Fasersubstanz herabgesetzt. Bei Vorliegen von ungeschädigtem Vergleichsmaterial kann man mit Hilfe des Objektmikrometers die Titerabnahme feststellen.

3.5 Lichteinwirkung

Wir haben schwach mattierte Polyesterfasern im Weather-Ometer (Kohlenbogengerät) über sehr lange Zeit hinweg belichtet, bis ein Abfall der Bruchlast von

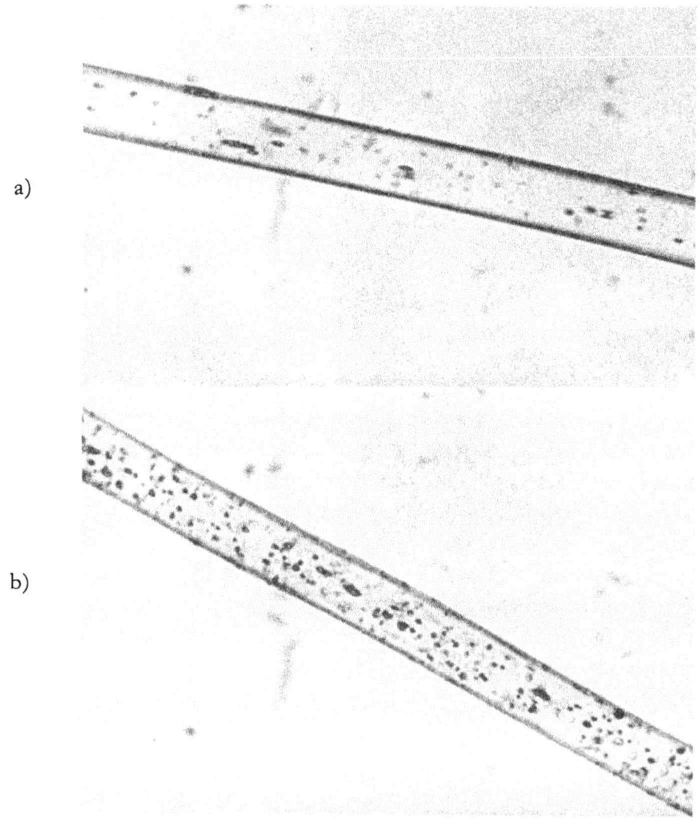

Abb. 6 Ungequollene Polyesterfaser vor und nach der Belichtung

a) unbelichtet b) belichtet

ca. 30% aufgetreten ist. Untersucht man diese Fasern unter dem Mikroskop, ohne sie quellen zu lassen, so erkennt man, daß die mattierten Fasern durch die Belichtung eine Trübung erleiden (s. Abb. 6a und b).
Diese Beobachtung wurde sowohl an mattierten regenerierten Zellulosefasern, an mattierten Acetatfasern als auch an mattierten Polyamidfasern gemacht [7].
Bei der Belichtung von glänzenden Polyesterfasern tritt im äußeren Erscheinungsbild keine Veränderung auf.
Werden belichtete mattierte oder unmattierte Fasern unter dem Mikroskop im Vergleich zu der unbelichteten Faser mit Phenol-Wasser-Mischungen 9:1 gequollen, so zeigen die durch eine Belichtung geschädigten Fasern einen wenig rascheren Quellungsverlauf. Diese Unterschiede in der Quellungsgeschwindigkeit sind nicht sehr groß, und es ist unerläßlich, Vergleichsmaterial unter denselben Bedingungen gleichzeitig mit zu untersuchen. Die Abb. 7 zeigt einen derartigen Vergleichsversuch an belichtetem und unbelichtetem Material.

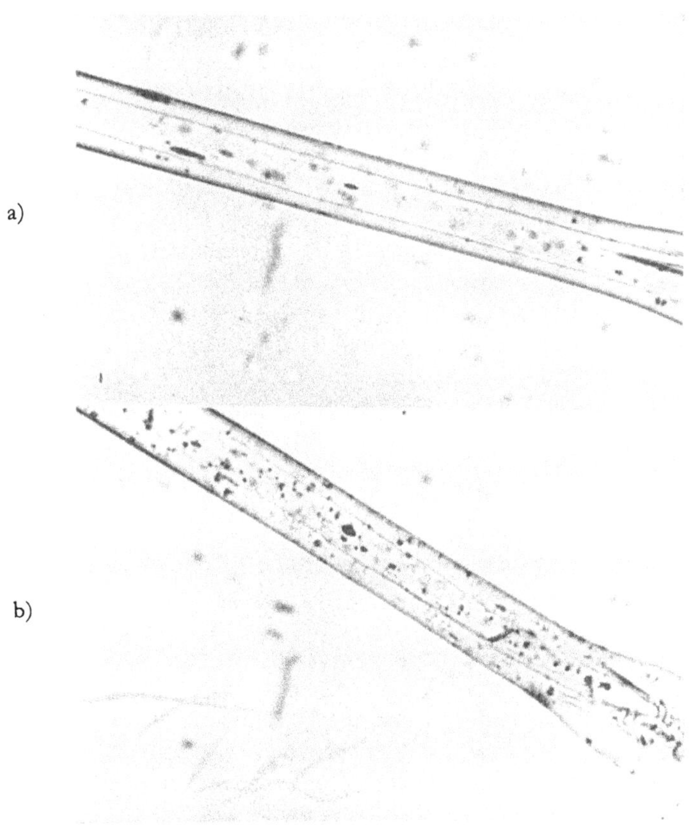

Abb. 7 Quellungsverlauf an belichteter und unbelichteter Polyesterfaser

a) unbelichtet b) belichtet

4. Schnittendenquellung

In Anlehnung an die Beurteilung des Fixiergrades von Perlon durch Schnittendenquellung nach H. Modlich [4], haben wir auch an Polyesterfasern diese Methode durchgeprüft. Hierbei zeigte sich, daß die Schnittendenquellung mit Phenol-Wasser-Mischung 9:1 ebenfalls für die Beurteilung des Fixiergrades an Polyesterfasern geeignet ist.

Die Abb. 8 zeigt den Verlauf der Schnittendenquellung an unfixiertem glänzendem Treviramaterial.

Bei der Einwirkung des Quellmittels tritt, wie bereits oben beschrieben, an der Längsseite der Faser das Scheinlumen auf. Am Schnittende hat das Quellmittel die Möglichkeit, auch noch vom Schnittende her auf die Faser einzuwirken, wodurch pilzkopfartige Ausstülpungen hervorgerufen werden. Die Abb. 8a zeigt die Faser nach einer Einwirkungszeit des Quellmittels von 30 min. Die Pilzkopfbildung ist klar zu erkennen, die Scheinlumenbildung hat bereits die sogenannte 1. Phase (s. unter Abschnitt 2) überschritten.

In Abb. 8b, nach einer Einwirkungszeit von 1 Std., beginnt bereits das Scheinlumen an einigen Fasern zu zerfallen, ebenso ist die Scheinlumenbildung über die sogenannte 2. Phase hinaus. Bei noch längerer Quelldauer zerfällt das Scheinlumen völlig, und die Faser zeigt starke Breitenquellung. Dadurch verschwinden auch die vorher aufgetretenen Pilzköpfe.

Fixierte Fasern benötigen für die Bildung des Pilzkopfes ebenso wie für die Bildung des Scheinlumens längere Quellzeiten. Die Abb. 9 zeigt fixierte glänzende Trevirafasern, die bei 200° C, 1 min bzw. 60 min thermofixiert wurden. Während die unfixierte Faser für die Ausbildung etwa derselben Pilzkopfform eine Quelldauer von ca. 30 min benötigt, erscheint diese bei der 200° C, 1 min fixierten Faser erst nach 120 min, bei der bei 200° C, 60 min fixierten Faser erst nach ca. 420 min.

In der Abb. 10 sind nochmals unfixierte Fasern und bei 200° C, 1 min bzw. 60 min fixierte Fasern dargestellt, die bis zum Zerfall des Scheinlumens dem Quellmittel ausgesetzt waren.

Während die unfixierte Faser in diesem Endzustand starke Breitenquellung zeigt, ist bei den fixierten Fasern nur noch mäßige bzw. geringe Breitenquellung vorhanden.

Auf Grund unserer Untersuchungen kommen wir zu dem Schluß, daß an Fasern nur dann Pilzkopfbildungen eintreten, wenn auch gleichzeitig eine Breitenquellung verbunden mit Scheinlumenbildung beobachtet werden kann.

Bei Polyesterfasern läßt sich wie bei Perlon der Fixiergrad gut mit Hilfe der Schnittendenquellung bestimmen. Da die Pilzkopfbildung, wie bereits oben ausgeführt, eine Scheinlumenbildung voraussetzt, genügt die Beobachtung des gequollenen Längsbildes der Faser für die Beurteilung. Das Herstellen von exakten Schnittenden erfordert zusätzlich einen großen Arbeitsaufwand und erlaubt trotzdem keine besseren Aussagen über den Fixiergrad.

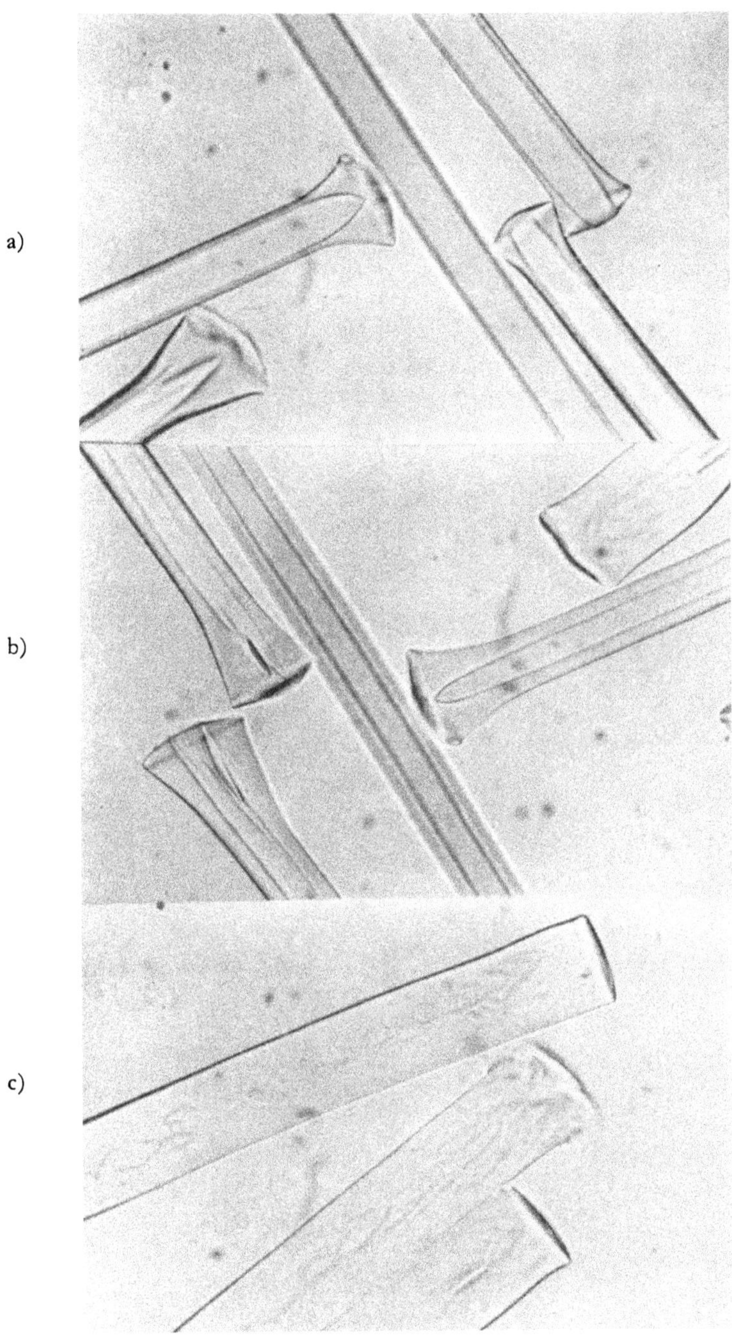

Abb. 8 Schnittendenquellung an unfixiertem glänzendem Treviramaterial
a) nach 30 min b) nach 60 min c) nach 120 min

a)

b)

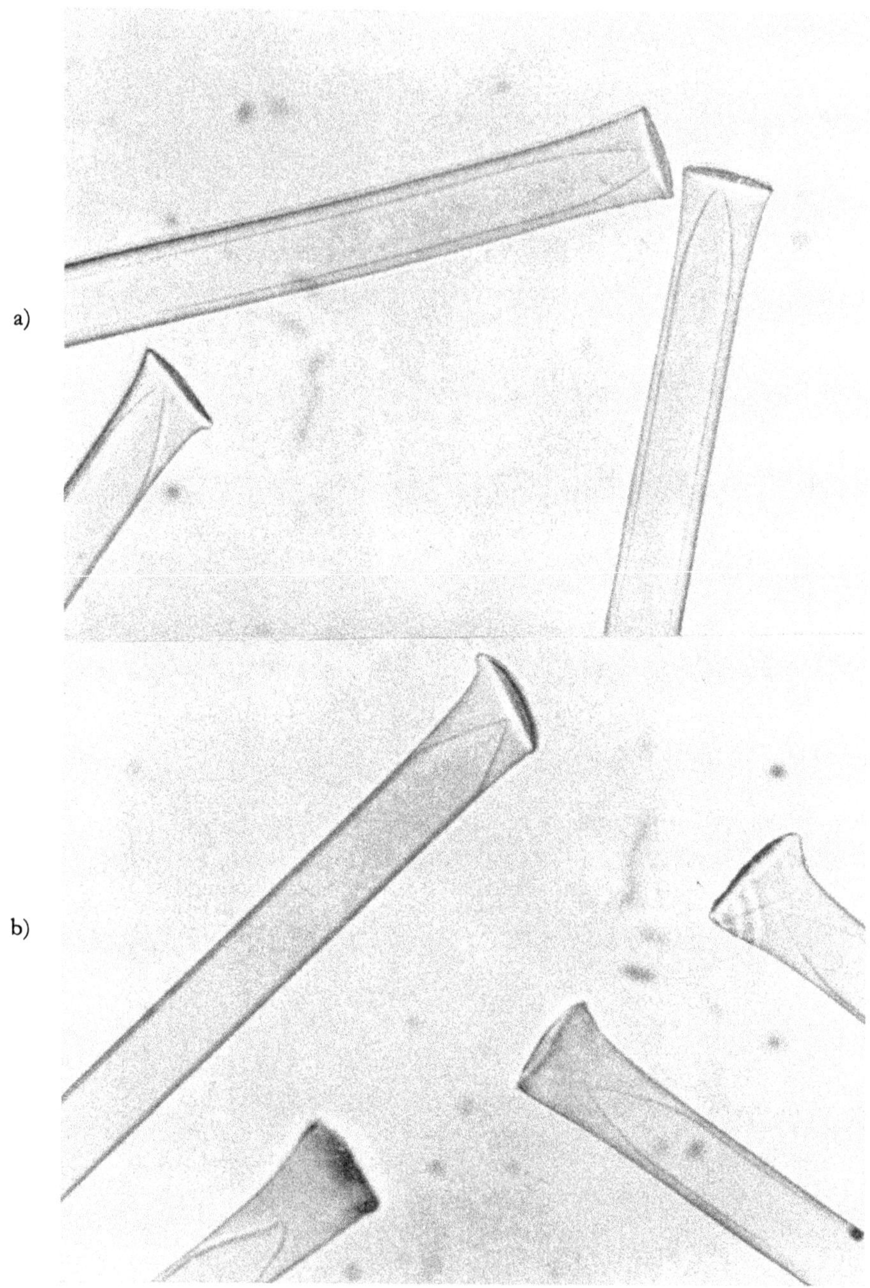

Abb. 9 Pilzkopfbildung an fixierten Fasern

a) Fixierung 200° C, 1 min, Quelldauer 120 min
b) Fixierung 200° C, 60 min, Quelldauer 420 min

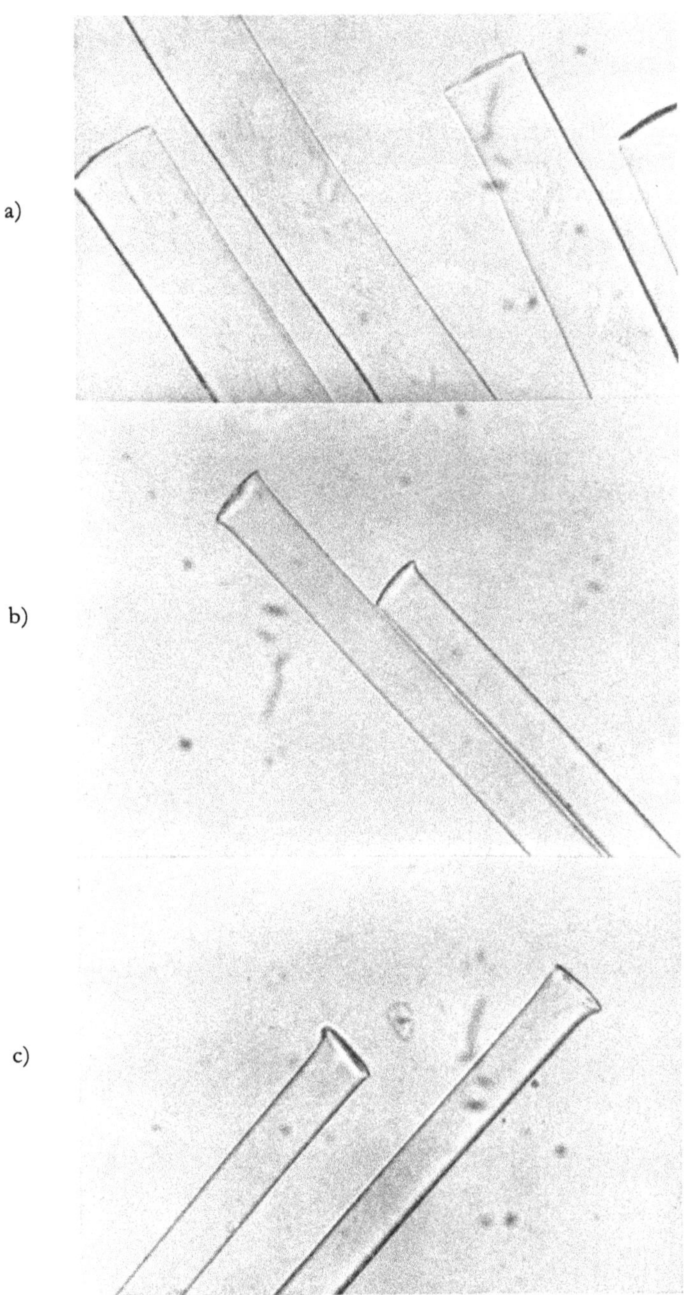

Abb. 10 Quellung von unfixierten und fixierten Fasern bis zum Zerfall des Scheinlumens

a) Unfixiert, Quelldauer 100 min
b) Fixierung 200° C, 1 min, Quelldauer 330 min
c) Fixierung 200° C, 60 min, Quelldauer 1100 min

5. Unterscheidungsmöglichkeit von unfixiertem und sehr schwach fixiertem Polyestermaterial

Auf Grund der Quellreaktion mit Phenol-Wasser-Mischungen der verschiedensten Zusammensetzungen lassen sich unfixierte Fasern nicht von schwach fixierten Fasern unterscheiden. Mit Hilfe von Lösereaktionen, z. B. mit Difluorchloressigsäure-Eisessig-Mischungen (s. Teil II), lassen sich auch diese Differenzen erkennen.

II. Lösereaktionen an Polyesterfasern

Die Bestimmung des Durchschnittspolymerisationsgrades von Polyestermaterialien mit Hilfe der Viskositätsmessung wird üblicherweise in m-Kresol-Lösung durchgeführt. Hierzu erhitzt man das Polyestermaterial in m-Kresol auf 100° C, wobei es in Lösung geht. Diese Lösung ist auch nach dem Abkühlen auf Zimmertemperatur beständig.
Bei der Untersuchung eines durch Naßhitzeeinwirkung stark geschädigten Polyesterfiltergewebes mußten wir feststellen, daß das Material bei einer Erwärmung auf 100° C nicht mehr gelöst werden konnte. Erst die Anwendung einer höheren Temperatur, in unserem Falle auf 150° C, brachte die Fasern zur Lösung.
Diese Beobachtung veranlaßte uns, verschiedenartig fixierte, säure- und alkalibehandelte sowie belichtete Polyesterfasern auf ihr Löseverhalten in m-Kresol im Hinblick auf die erforderliche Lösetemperatur systematisch zu untersuchen.

1. Apparaturen zur Bestimmung des Lösepunktes

1.1 Modifizierte Apparatur zur Bestimmung des Schmelzpunktes (Lösepunktbestimmungsapparatur)

Für die Bestimmung des Schmelzpunktes benutzt der Chemiker verschieden konstruierte Glasapparaturen. In unserem speziellen Falle haben wir die in Abb. 11 skizzierte Glasapparatur verwendet.
In einem Langhalsrundkolben, in dessen oberem Teil sich zwei Seitentuben befinden, wird in einen Tubus ein Reagenzglas (10 mm Durchmesser, 100 mm Länge) mit Gummiring zur Halterung und in den anderen Tubus ein Thermometer mit Gummistopfen eingeführt. Im Reagenzglas befinden sich ca. 2 ml m-Kresol und ca. 1 mg Fasermaterial (etwa 7–10 Fäden von ca. 1 cm Länge).
Mit Hilfe der Sparflamme eines Teclubrenners wird die konzentrierte Schwefelsäure langsam erwärmt. Die Aufheizgeschwindigkeit beträgt ungefähr 2° C pro min und sollte möglichst konstant gehalten werden, da die Aufheizgeschwindigkeit die Lösetemperaturen beeinflußt.

1.2 Löseapparatur mit Thermostataufheizung

Die Einhaltung einer konstanten Aufheizgeschwindigkeit durch Erwärmen mit Hilfe eines Gasbrenners bereitet oftmals Schwierigkeiten. So darf z. B. die Apparatur keinem Luftzug ausgesetzt sein, der Gasdruck darf nicht schwanken usw., da sonst kein gleichmäßiges Aufheizen gewährleistet wird.

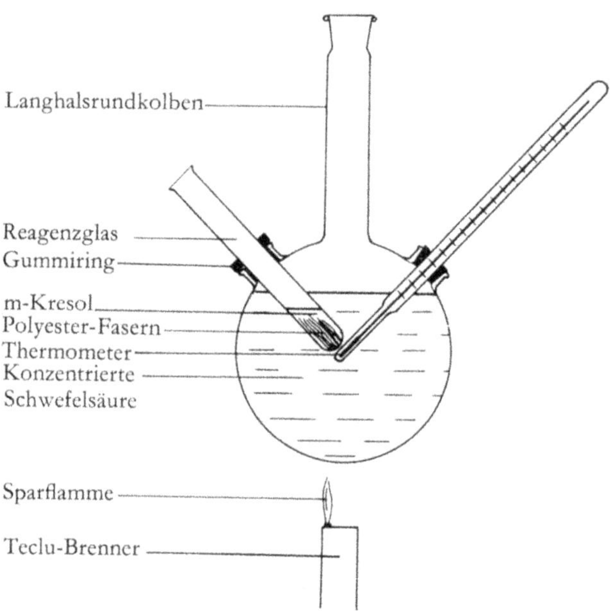

Abb. 11 Apparatur zur Lösepunktbestimmung

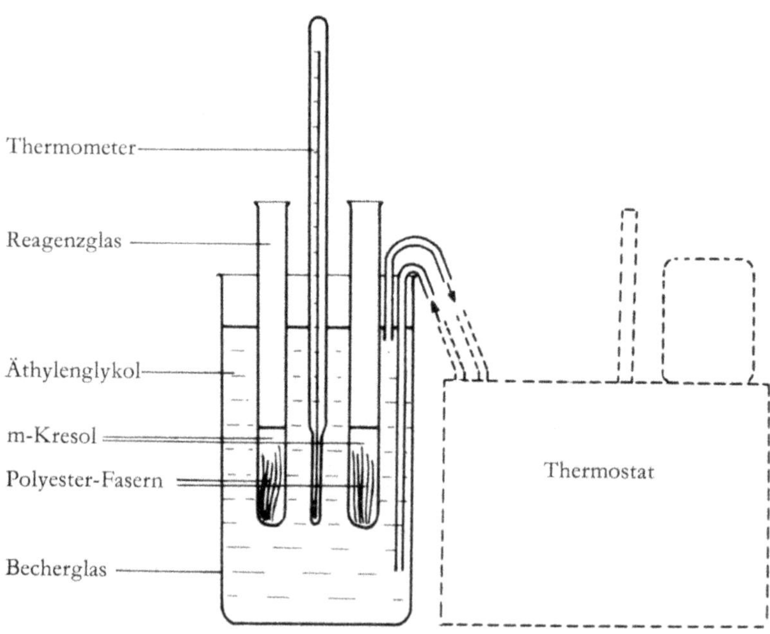

Abb. 12 Versuchsanordnung bei der Thermostatenmethode

Wir verwendeten, um diesen Schwierigkeiten aus dem Wege zu gehen, zum Aufheizen einen Ultrathermostaten (Typ Haake NBS). Dieser gewährleistet bei allen Versuchen ein gleichartiges Aufheizen, die Aufheizgeschwindigkeit selbst ist jedoch nicht über den gesamten Temperaturbereich konstant. Sie liegt etwa bei 2° C pro min. Als Heizflüssigkeit verwendeten wir Äthylenglykol, da wir mit Temperaturen über 100° C zu rechnen hatten. Als Heizbad für die Reagenzgläser (15 mm Durchmesser, 150 mm Länge), in denen die Versuche durchgeführt wurden, diente ein 1-l-Becherglas, das neben dem Thermostaten aufgebaut wurde (s. Abb. 12). Zwei Bunaschläuche verbinden als Zu- und Rücklauf der Badflüssigkeit Becherglas und Thermostat.
Der Stand der Heizflüssigkeit im Becherglas muß möglichst konstant gehalten werden.

2. Löseverlauf an unfixierten Polyesterfasern

Die Abb. 13 zeigt den zeitlichen, unter Temperaturanstieg verlaufenden Lösevorgang unfixierter Fasern.
Die Fasern werden in m-Kresol bei 30° C eingebracht (s. Abb. 13a). Nun wird erwärmt, und man kommt allmählich in die Nähe des Lösungspunktes. Dabei teilen sich die Fäden am Ende in die Einzelkapillaren auf. Diese beginnen sich langsam aufzulösen (s. Abb. 13c und d). Als Endpunkt der Lösereaktion haben wir den Zustand entsprechend der Abb. 13e gewählt: Hier ist noch ein kleiner Rest von gequollenem Fasermaterial übrig, der sich auch bei weiterer Temperatursteigerung nur sehr schwer vollständig auflöst.
Die Bestimmung dieses willkürlich gewählten Endpunktes erfordert einige Übung, kann jedoch bei mehrmaliger Wiederholung des Versuches sehr gut reproduziert werden. Vom Beginn der Lösereaktion (Abb. 13b) bis zum Lösepunkt (Abb. 13e) beträgt die Temperatursteigerung ca. 4–6° C, entsprechend einer Zeit von 2 bis 3 min.

3. Löseverlauf an fixierten Polyesterfasern

Während bei unfixierten Polyesterfasern stets ein gelartiger Rückstand auch oberhalb der Lösetemperatur noch zu beobachten und die exakte Bestimmung des Lösepunktes erschwert ist, treten diese Komplikationen bei fixierten Polyesterfasern (mit Ausnahme der bei 160° C, 1 min fixierten) nicht auf. Die Abb. 14 zeigt den Löseverlauf einer fixierten Polyesterfaser.
Die Fasern werden ebenfalls in m-Kresol bei 30° C eingebracht (s. Abb. 14a). Bei Erreichen des Lösepunktes treten die Auflöseerscheinungen sehr rasch ein, wobei sich die Fasern unter Beibehaltung ihrer Form auflösen, dabei dünner und kürzer werden, ohne aber wie die unfixierten Fasern einen gelartigen Rückstand zu hinterlassen (s. Abb. 14b–e). Vom Beginn bis zum Ende der Lösereaktion (Lösepunkt) steigt die Temperatur nur um ca. 2° C an, der Vorgang dauert also etwa 1 min. Durch das völlige und sehr rasche In-Lösunggehen läßt sich dieser Punkt exakter bestimmen als bei den unfixierten Materialien.

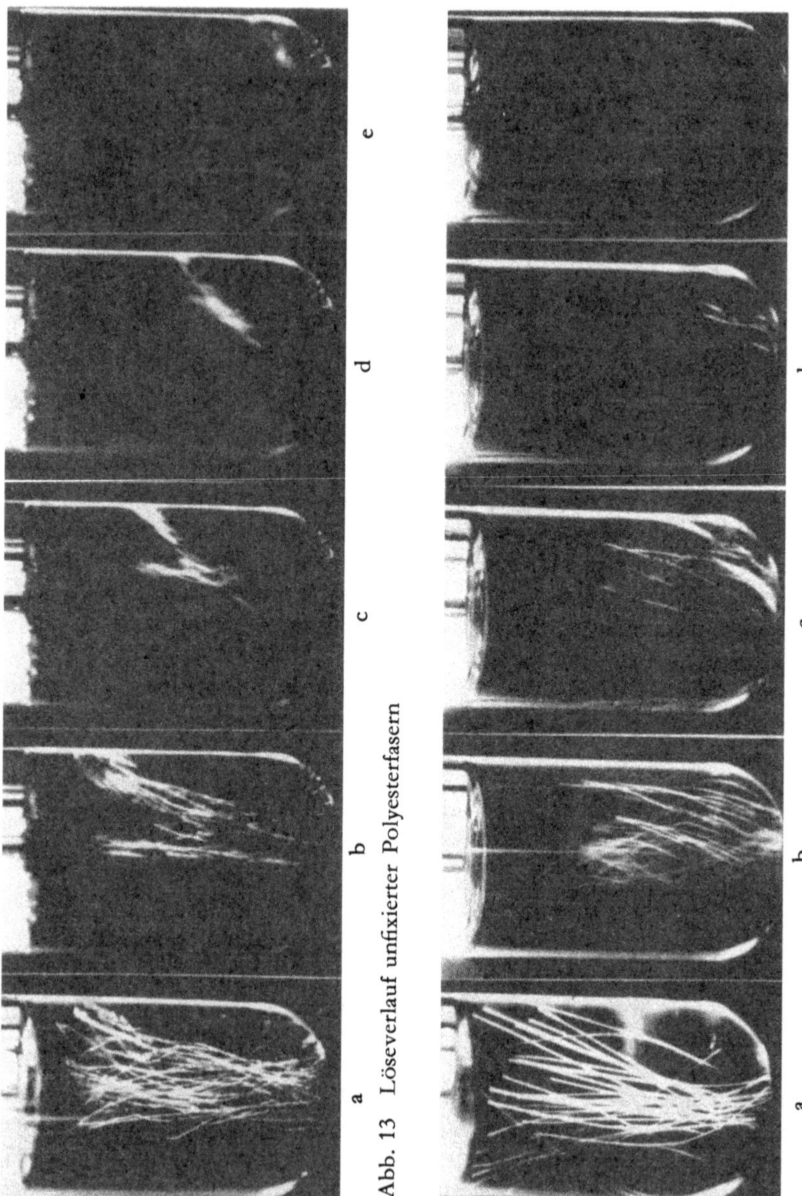

Abb. 13 Löseverlauf unfixierter Polyesterfasern

Abb. 14 Löseverlauf fixierter Polyesterfasern

4. Lösepunkte an verschiedenartig behandelten Polyesterfasern

4.1 Trockenhitzefixierung

Die Versuchsergebnisse der mit Trockenhitze behandelten Polyesterfasern (Trevira 50/25 glänzend und Diolen 100/36 glänzend) sind in Tab. 8 zusammengefaßt.

Tab. 8 Lösepunkte von Polyesterfasern in m-Kresol nach Trockenhitzefixierung

Art der Behandlung Trockenhitzebehandlung	Lösepunkte in °C (Mittel aus 10 Messungen)			
	Trevira 50/25 glänzend		Diolen 100/36 glänzend	
	Schmelzpunkt-bestimmungs-apparatur	Ultra-thermostat-methode	Schmelzpunkt-bestimmungs-apparatur	Ultra-thermostat-methode
unbehandelt	67	63	70	65
160° C 1 min	70	65	76	69
180° C 1 min	73	71	81	77
200° C 1 min	89	88	91	93
220° C 1 min	109	110	108	109
235° C 1 min	119	119	119	119
200° C 30 sec	89	87	88	89
200° C 1 min	89	88	91	93
200° C 5 min	92	92	91	89
200° C 15 min	98	97	95	91
200° C 30 min	100	99	95	93
200° C 60 min	104	104	99	99

Aus den Ergebnissen zeigt sich, daß bei sorgfältiger Durchführung der Bestimmung des Lösepunktes in der Schmelzpunktbestimmungsapparatur etwa dieselben Lösetemperaturen wie bei der Ultrathermostatenmethode erhalten werden. Die Unterscheidung des unbehandelten Materials von dem bei 160° C, 1 min der Trockenhitzeeinwirkung ausgesetzten ist nicht möglich. Selbst das Erkennen einer Fixierung, die bei einer Temperatur von 180° C, 1 min lang durchgeführt wurde, ist nur dann einwandfrei möglich, wenn unbehandeltes Vergleichsmaterial vorliegt. Bei Trockenhitzebehandlungen von 200° C und darüber ist die Fixierung in jedem Falle zu erkennen. Weiterhin ist auffällig, daß eine höhere Fixiertemperatur (über 200° C) den Lösepunkt stärker anhebt, als wenn bei 200° C die Fixierzeit übermäßig lang gewählt wird.

4.2 Sattdampf- und Naßhitzebehandlung

In den Tab. 9 und 10 sind die Lösepunkte von Trevira 50/25 glänzend nach Sattdampf- und Naßhitzebehandlung angegeben.

Mit steigender Behandlungstemperatur tritt eine Erhöhung der Lösetemperatur ein. Werden die Sattdampf- und Naßhitzebehandlungen bei 180° C länger als 1 Std. durchgeführt, so treten Überfixierungen auf, die durch hohe Lösetempera-

Tab. 9 Lösepunkte von Trevira 50/25 glänzend nach Sattdampfbehandlung

Behandlung	Lösepunkte in °C (Mittel aus 10 Messungen) Schmelzpunkt-bestimmungs-apparatur	Ultra-thermostat-methode
unbehandelt	67	63
140°C 60 min	73	67
160°C 60 min	76	72
180°C 60 min	91	89
180°C 180 min	98	98
180°C 360 min	91	90

Tab. 10 Lösepunkte von Trevira 50/25 glänzend nach Naßhitzebehandlung

Behandlung	Lösepunkte in °C (Mittel aus 10 Messungen) Schmelzpunkt-bestimmungs-apparatur	Ultra-thermostat-methode
unbehandelt	67	63
140°C 60 min	68	64
160°C 60 min	70	67
180°C 60 min	81	81
180°C 180 min	94	95
180°C 360 min	91	92

turen zu erkennen sind. Bei extrem langen Einwirkungszeiten fallen die Lösetemperaturen wieder ab. Diese Beobachtung deckt sich mit dem Quellverhalten in Phenol-Wasser-Mischungen (s. Teil I, Punkt 3.2).
Die Ursache dieses Verhaltens beruht auf einer Verseifung der Polyesterfasern.
Faßt man die Ergebnisse aus den Tab. 8, 9 und 10 zusammen, so stellt man fest, daß die Lösetemperaturen mit der Vorbehandlung der Faser in Zusammenhang stehen. Ähnlich wie bei den Quellreaktionen mit Phenol-Wasser (Teil I, Tab. 4) lassen sich hier Lösetemperaturbereiche aufstellen, in welchen sich eine unfixierte bzw. schwach fixierte, eine normal fixierte oder überfixierte Faser löst. Durch die Abhängigkeit der Lösetemperaturen von den verschiedenen Polyesterprovenienzen lassen sich feinere Fixierunterschiede nur dann nachweisen, wenn entsprechendes Vergleichsmaterial vorliegt.
Die in der Tab. 11 angegebenen Lösetemperaturen können als Anhaltspunkt für die Untersuchung einer Hitzebehandlung angesehen werden.

Tab. 11 Lösepunkte in m-Kresol für beliebige Polyesterprovenienzen

Behandlung	Lösebereich
unbehandelt und schwach fixiert	bis etwa 70°C
fixiert	etwa 70–90°C
über das übliche Maß fixiert	über 95°C

Hierbei ist zu berücksichtigen, daß scharfe Abgrenzungen nicht möglich sind, da sich die Bereiche überschneiden.

4.3 Säureeinwirkung

Selbst stark säuregeschädigte Polyesterproben zeigen gegenüber unbehandeltem Material keine Unterschiede in der Lösetemperatur.

4.4 Alkalieinwirkung

Hier lassen sich ebenfalls keine Unterschiede gegenüber dem ungeschädigten Material feststellen.

4.5 Lichteinwirkung

Ein Nachweis der Lichtschädigung ist durch die Bestimmung des Lösepunktes nicht möglich.

5. Mikroskopische Erkennung von Veränderungen an Polyesterfasern mit Hilfe von Difluorchloressigsäure bzw. Trifluoressigsäure

Als Verfahren zum Lösen oder Quellen von linearen Polyestern wird in dem DBP 1062927 der Farbwerke Hoechst Difluorchloressigsäure bzw. Trifluoressigsäure angegeben. Hierbei können die beiden fluorierten Essigsäuren für sich allein oder aber in Mischung mit z. B. Wasser oder chlorierten Kohlenwasserstoffen verwendet werden. Durch diese Zusätze wird die Lösegeschwindigkeit herabgesetzt, und man erhält damit die Möglichkeit, vor dem Lösen der Fasern ihre Quellung beobachten zu können. Von uns wurden weitere Verzögerungsmittel für die Lösereaktion herangezogen, und für mikroskopische Untersuchungen haben wir Eisessig als Zusatz am geeignetsten befunden.

Es ist bei diesen Lösemittelgemischen schwierig, über längere Zeit die Zusammensetzung konstant zu halten, da sowohl die fluorierten Essigsäuren als auch die Verdünnungsmittel sich leicht verflüchtigen. Daher muß die Aufbewahrung solcher Quellösemittel unter Verschluß vergenommen werden. *Ihre Haltbarkeit ist begrenzt, und man sollte jeweils nach zwei bis drei Stunden frische Lösungen ansetzen.* Zur Aufbewahrung der konzentrierten Fluoressigsäuren als auch ihrer Mischungen können Glasgefäße verwendet werden. Beim Arbeiten mit dem Mikroskop verdunstet die Lösung teilweise, sie greift das Linsensystem selbst nicht an, jedoch neigen bei längerer Benutzung dieser Lösungen die Messingteile des Mikroskops zur Korrosion.

Fluorierte Essigsäuren dürfen nicht mit der Haut in Berührung kommen, da sie schwer heilende Verätzungen verursachen.

5.1 Lösereaktionen mit Difluorchloressigsäure[1]

Für die Unterscheidung der unfixierten Polyesterfaser von jener, die bei 160° C, 1 min lang der Trockenhitzeeinwirkung ausgesetzt war, eignet sich am besten eine Mischung von Difluorchloressigsäure-Eisessig 5:1 (Volumteile). In Tab. 12 sind die Lösezeiten von Trevira 50/25 glänzend und Diolen 100/36 glänzend angegeben.

Tab. 12 Lösezeiten in Difluorchloressigsäure-Eisessig-Mischung 5 : 1 (Volumteile) von Trevira 50/25 glänzend und Diolen 100/36 glänzend nach Trockenhitzeeinwirkung

Behandlung	Lösezeit in sec Trevira glänzend 50/25	 Diolen glänzend 100/36
unbehandelt	50– 65	70– 85
160° C, 1 min Trockenhitzeeinwirkung	120– 180	150– 200
180° C, 1 min Trockenhitzeeinwirkung	240– 360	270– 420
200° C, 1 min Trockenhitzeeinwirkung	1200–1800	720–1500

Während die Unterscheidung der unbehandelten Fasern von den bei 160° C, 1 min lang der Trockenhitze ausgesetzten sowohl mit Hilfe der Quellreaktion mit Phenol-Wasser-Mischungen (s. Teil I, Tab. 1 und 3) als auch der Lösepunktbestimmungsmethode (s. Teil II, Tab. 8) praktisch kaum möglich ist, läßt sich eine Differenzierung mit Difluorchloressigsäure-Eisessig-Mischung 5:1 vornehmen. Unbehandelte Fasern benötigen zum Auflösen bis zu 100 sec, bei 160° C, 1 min fixierte Fasern ca. 100–200 sec und 180° C, 1 min fixierte Fasern etwa 200–500 sec. Unbelichtete Fasern lassen sich von belichteten ebenfalls sehr gut durch eine Mischung von Difluorchloressigsäure-Eisessig 4:1 (Volumteile) unterscheiden. Die Lösezeiten der Fasern liegen durch die stärkere Verdünnung der Difluorchloressigsäure mit Eisessig entsprechend höher.

Belichtete Fasern benötigen, je nach Grad der Schädigung, nur etwa die Hälfte bis ein Viertel der Lösezeit einer unbelichteten Faser. Die Dauer des Lösens mit der Mischung 4:1 beträgt bei unbehandeltem Material meist über 10 min, diese Zeit ist stark abhängig von der Provenienz des Polyestermaterials. Um einwandfrei Schädigung durch Lichteinwirkung feststellen zu können, ist Vergleichsmaterial erforderlich.

[1] Wir danken Herrn Prof. Dr. P. Schlack, Farbwerke Hoechst, für die freundliche Überlassung der Difluorchloressigsäure.

5.2 Lösereaktionen mit Trifluoressigsäure[2]

Die Lösereaktionen mit Trifluoressigsäure verlaufen in der gleichen Art und Weise wie jene mit Difluorchloressigsäure. Auch hier wird eine Verdünnung des Lösungsmittels mit Eisessig vorgenommen, und zwar im Verhältnis Trifluoressigsäure-Eisessig 9:1 (Gewichtsteile). Der Umgang mit Trifluoressigsäure ist schwieriger als mit Difluorschloressigsäure, da sie noch leichter flüchtig ist. Zur Herstellung der Lösemischung haben wir die Trifluoressigsäure in einem verschlossenen Wägeglas ausgewogen, den hierfür notwendigen Zusatz an Eisessig berechnet und zugesetzt. Bei langen Lösezeiten muß wiederholt frisches Lösemittelgemisch zur Faserprobe gegeben werden, da die Trifluoressigsäure sehr schnell verdampft. In Tab. 13 sind die Lösezeiten von Trevira 50/25 glänzend und Diolen 100/36 glänzend angegeben.

Tab. 13 Lösezeiten in Trifluoressigsäure-Eisessig-Mischung 9 : 1 (Gewichtsteile) von Trevira 50/25 glänzend und Diolen 100/36 glänzend nach Trockenhitzeeinwirkung

Behandlung	Lösezeit in sec Trevira glänzend 50/25	 Diolen glänzend 100/36
unbehandelt	60- 120	90- 120
160° C, 1 min Trockenhitzeeinwirkung	240- 420	240- 300
180° C, 1 min Trockenhitzeeinwirkung	600- 900	1000-1500
200° C, 1 min Trockenhitzeeinwirkung	1100-1300	1700-2000

Unbehandelte Fasern benötigen zum Lösen bis zu etwa 150 sec, bei 160° C, 1 min fixierte Fasern ca. 200-500 sec und 180° C, 1 min fixierte Fasern etwa 600 bis 1500 sec.

Zur Erkennung des lichtgeschädigten Materials benutzten wir, ähnlich den Untersuchungen mit Difluorchloressigsäure, eine verdünntere Mischung von Trifluoressigsäure-Eisessig im Verhältnis von 7:1 (Gewichtsteile). Die Lösezeiten der lichtgeschädigten Fasern sind ebenfalls kürzer, die Schädigung selbst läßt sich bei Vergleich mit nicht geschädigtem Material einwandfrei nachweisen.

Die Lösereaktionen mit den fluorierten Essigsäuren sind eine Ergänzung der mit Phenol-Wasser-Mischungen durchgeführten Quellreaktionen und der Lösereaktionen in m-Kresol. Die Unterscheidung der unfixierten von den schwach fixierten Polyesterfasern wie auch der belichteten von den unbelichteten Fasern läßt sich durch Verwendung von Mischungen aus Difluorchloressigsäure bzw. Trifluoressigsäure mit Eisessig einwandfrei durchführen.

[2] Bezugsquelle: Schuchardt, München.

Dr. rer. nat. W. Bubser

Dr. rer. nat. W. Fester

Literaturverzeichnis

[1] BOBETH, W., Faserforschung u. Textiltechnik 5 (1954), S. 115–130 und 168–170.
[2] Ders., Zeitschrift für die gesamte Textil-Industrie 57 (1955), S. 15–18 und 21/22.
[3] Ders., Faserforschung u. Textiltechnik 4 (1953), S. 45–55.
[4] MODLICH, H., Melliand Textilberichte 40 (1959), S. 906–911.
[5] BOBETH, W., und L. KENDLER, Faserforschung u. Textiltechnik 8 (1957), S. 444–477.
[6] LAUKNER, A., Faserforschung u. Textiltechnik 7 (1956), S. 124–131.
[7] BUBSER, W., und H. MODLICH, Textilpraxis 14 (1959), S. 1041–1043 und 1152–1158.
[8] FRIESER, E. P., Spinner und Weber 78 (1960), S. 691–696.
[9] BOBETH, W., Faserforschung u. Textiltechnik 11 (1960), S. 305–311.
[10] SCHWERTASSEK, K., Faserforschung u. Textiltechnik 8 (1957), S. 448–457.
[11] BENZ, E., Melliand Textilberichte 41 (1960), S. 447–450.
[12] HENDRIX, H., Dissertation, Aachen 1959.
[13] VON HORNUFF, G., Melliand Textilberichte 41 (1960), S. 474–478.

www.ingramcontent.com/pod-product-compliance
Ingram Content Group UK Ltd.
Pitfield, Milton Keynes, MK11 3LW, UK
UKHW061659190726
13853UKWH00008B/2304

* 9 7 8 3 6 6 3 0 6 6 5 6 9 *